1

Néandertal était-il un artiste ?

Néandertal était-il un artiste ?

Laurence Rougier

Collection Préhistodigest

Á la mémoire de Georges-Jacques Rougier
(1936-2015)

Sommaire

.

Avertissement aux lecteurs

Ce Digest s'adresse essentiellement aux curieux. Amateurs éclairés et passionnés trouveront je l'espère également plaisir à sa lecture. L'auteure formée à la Préhistoire, a choisi l'esprit de la synthèse globale pour s'exprimer. En conséquence, le lecteur devra s'habituer à son stylo à quatre couleurs, où il rencontrera des notions d'Evolution Humaine, de Paléogénétique (Biologie évolutive) de Paléo-cultures (Cognitive skills)[1] et enfin de Taphonomie.[2] Le vocabulaire sera "décomplexifié" pour faciliter la compréhension, le confort de lecture, et conserver la dimension plaisante d'un livre volontairement accessible à tout un chacun.

---

[1] Compétences : Comprendre, mémoriser, faire.
[2] Agents naturels ou biologiques qui perturbent la lecture de l'histoire archéologique d'un site

The Cognitive revolution is accordingly the point when History declares his independence from Biology. Yuval Noah Harari in Sapiens.

Le brillant historien Yuval Noah Harari veut faire trembler les cadres chronologiques de l'Histoire de l'Humanité. Challenge très excitant. Il fait débuter l'aventure humaine vers -70 000 ans, et fait du Sapiens moderne sorti d'Afrique pour la 3ème et dernière fois[3], l'acteur principal d'une révolution cognitive d'une espèce humaine qui a bénéficié de mutations génétiques favorables à sa suprématie. Le parti pris idéologique de l'auteur est très fort. Avant Super-Sapiens, toutes les actions des espèces archaïques se limitent à des mutations génétiques et des pressions climatiques environnementales. Il rejette le mot Préhistoire

---

[3] En considérant la sortie d'Homo erectus.

parce que cela implique d'admettre que ces humanités avaient des cultures et des comportements symboliques. De fait, ces humanités avaient vraiment des cultures. Après -70 000 ans, les choses basculent. L'histoire humaine s'écrit indépendamment du biologique et de l'environnemental, ce qui est plus que contestable. Le Tardiglaciaire [4] n'est pas un détail climatique, par exemple. Cet épisode a influencé les Paléolithiques[5] et notoirement modifié leurs modes de vie et leurs cultures matérielles. Dans le registre historique, les grandes pandémies ont brisé le cours de l'histoire humaine. De plus, la biologie évolutive nous enseigne que notre espèce n'est pas indépendante. Nous cohabitons avec des

---

[4] La fin du dernier Âge de glace entre -18 000 et -10 000 ans.
[5] Peuples de la Préhistoire.

microbes, virus, bactéries, internes et externes depuis des millénaires. Ces parasites interagissent avec notre organisme et ont conditionné notre évolution au moins autant que les divergences[6] qui ont mené à notre lignée. De nos jours, on parle beaucoup du microbiote intestinal surnommé notre deuxième cerveau, que l'on nourrit avec de bons yoghourts au bifidus actif. Non seulement nous ne nous sommes pas séparés du biologique mais il nous gouverne, oriente nos pensées et nos actions sans nous demander notre avis. Est-il faux de prétendre que notre humanité écrit son histoire indépendamment du biologique, non, juste naïf.

Le mot « Révolution » implique une soudaineté, une rupture qui convient mal à la lenteur évolutive des sociétés humaines plurielles du passé. Prenons pour exemple l'apparition du

---

[6] Changements de cap génétique.

genre Homo en Afrique vers 2,5 Ma avec le premier du genre : Homo habilis, en évitant la question du berceau des origines ou des foyers multiples, car il y a également des fossiles en Eurasie. Cette date marque "un" début de notre aventure humaine mais pas de notre évolution commencée beaucoup plus tôt vers 6/7 Ma, lorsque nous avons évolué à partir d'un ancêtre commun d'avec le chimpanzé. On pourrait descendre beaucoup plus bas jusqu'au Pliocène[7] pour nous rattacher à un ordre, celui des primates, qui fait de nous un mammifère appartenant à un groupe nommé Hominines. Le terme est suffisamment évocateur de notre identité.

---

[7] 5,3-2,6 Mya.

Revenons à Homo habilis. À partir de cet épisode de notre histoire en marche, les corps se redressent complétement, les cerveaux augmentent en taille et en capacité, les humanités se consomment, se séparent, ou disparaissent. Elles partent explorer des mondes inconnus équipées d'outils ou cultures matérielles dites stéréotypées[8]. Outils fabriqués pour consommer de la viande crue charognée ou chassée et son lot de parasitoses et affections. Après l'invention du feu vers -800 000 ans, le produit de la chasse et la consommation de végétaux est toujours soumis aux variations climatiques, la viande cuite est un peu moins toxique. Tout ce que je viens d'écrire à des allures de "Success story". L'aventure humaine n'a rien avoir avec l'histoire du portier

---

[8] Un seul type de pièces lithiques. Exemple : Les Bifaces.

qui devient directeur de l'hôtel en gravissant tous les échelons.

Au commencement, les Paléoanthropologues classèrent les espèces humaines sur les branches d'un arbre[9] construit à partir de l'observation de l'anatomie, et en particulier de celle du crâne des fossiles, qu'ils et elles avaient mis au jour lors de fouilles archéologiques. Arbre réactualisé à chaque nouvelle découverte.[10] Puis, la Paléontologie virtuelle a permis d'explorer ces spécimens, de les reconstruire, et de voir ce qui était caché à l'oeuil humain. Á cet arbre, la Génomique humaine évolutive qui étudie les migrations, les maladies et les métissages avec d'autres espèces humaines, comme celui des

---

[9] Arbre Phylogénétique.
[10] Trouver un squelette complet et un crâne complet est une découverte aussi rare qu'exceptionnelle.

Sapiens[11] avec Néandertal, joue un rôle crucial dans la reconstitution de l'histoire de l'humanité devenue aujourd'hui singulière. Nous sommes singuliers par ce que nous nous caractérisons[12] par une bipédie unique à notre genre, mais différente selon les espèces humaines. Néandertal était bipède, mais il ne marchait pas comme Sapiens. Il avait une autre posture et une autre démarche. Sa charpente osseuse, son squelette, sa biomécanique était différente. Cette bipédie est définitive. Nier notre place dans le règne animal est inconscient[13], nous donner la première place est discutable[14], mais réviser cette particularité de notre genre est surprenant, à moins de considérer les quasiment bipèdes Australopithèque et ses

---

[11] L'ancien et le moderne.
[12] Entre autres.
[13] Créationnisme obscure.
[14] Intelligent Design.

cousins Paranthropes d'une autre manière, c'est à dire d'en faire des humains. La bipédie est un critère fondamental.

Revenons un instant aux temps de nos chers dinosaures. Un ichtyosaure, reptile terrestre imposant, est retourné à l'eau alors qu'il n'était pas en danger. Il est redevenu un monstre aquatique, a eu de problèmes de cohabitation avec une autre espèce très adaptée à son environnement, qui a disparu à cause de lui. Enfin, il a disparu lui aussi, sans laisser d'explications. Cet exemple, pour illustrer à quel point les mécanismes évolutifs zoologiques sont complexes, pas toujours positifs, et différents de notre parcours évolutif, pas toujours mélioratif non plus. D'où la naissance au 19ème siècle, de deux disciplines dédiées : Human Evolution[15] et Évolution humaine[16].

Ceci dit, quand un mammouth rétréci parce que coincé sur une île et disparaît, et qu'une espèce humaine insulaire rétrécie et disparaît à son tour, peut-être pas pour les mêmes raisons, cela nous ramène à notre "mammalité". Certes, nous sommes des mammifères mais pas comme les autres, parce que de plus en plus intelligents, lentement, buissonnant, foisonnant, tâtonnant, mais certainement. Nous possédons un langage formé qui nous distingue définitivement de la faune et de la flore, même si les arbres ont "leur langage" et les fleurs adorent la musique. Néanmoins, le chimpanzé est encore si proche de nous que nous partageons un même monde

---

[15] Charles Darwin.
[16] Georges Cuvier.

microbien. Ni descendants, ni cousins, ni espèce de singe ou proche du singe. Nous sommes encore et toujours un "Singe nu".[17]

Vers -3Ma environ, au Kenya, un Paranthrope à la fois proche parent et prédaté par Homo habilis, se serait fabriqué des outils pour consommer de la viande, alors qu'il est plutôt réputé végétarien arboricole. Cette innovation, ou imitation d'Homo habilis remet en question son statut de premier du genre. Au cas où Paranthrope n'aurait été que la victime d'Homo habilis trouvé parmi les restes de faune d'hippopotames et d'antilopes, cette industrie de la culture Oldowayenne, deviendrait une preuve supplémentaire qu'un Habilis est capable de se fabriquer un bel

---

[17] Le livre du zoologiste anglais Desmond Morris, publié en 1968, choquait encore les esprits dans les années 1980.

outillage varié. Ceci pour illustrer la difficulté de trouver un instant décisif qui marquerait le début de l'Histoire Humaine.

Sortons d'Afrique et retrouvons-nous en Europe préhistorique vers -30 000 ans. Les deux cultures les plus emblématiques du boom de productions artistiques que sont le Gravettien[18] et le Magdalénien[19], pourraient très bien être les témoins convaincants d'une révolution cognitive d'un Sapiens devenu la seule espèce humaine présente sur terre. Seulement voilà, il y a le Grotte Chauvet, peinte par un ou des aurignaciens vers – 32 000 ans. Cette découverte en 1994, a bouleversé la notion d'émergence de la créativité du grand pariétaliste qu'était le Sapiens moderne.

---

[18] - 27 000 à -20 000 ans avant le présent.
[19] -17 000 à -14 000 ans avant le présent.

En réalité, mutations génétiques lentes ou rapides, migrations courtes ou plus invasives, inventions, innovations et partage des cultures et des savoirs caractérisent nos humanités. Elles ont évolué sans se rencontrer et parce qu'elles se sont rencontrées, et pourtant elles ont toutes disparues sauf une : *Homo sapiens sapiens.*

Les espèces archaïques ont effectivement disparues, mais elles ont forcément joué un rôle important dans ce que nous sommes aujourd'hui.

S'il est une espèce emblématique d'une rencontre bénéfique, au moins biologiquement, entre deux espèces humaines, c'est bien Néandertal. Néandertal avait-il des capacités cognitives limitées comparé à Sapiens ? Cette fausse vérité nous a inspiré une première partie consacrée à brosser le portrait d'une espèce bien connue, richement documentée, sur cet autre nous-même parce que proche de nous génétiquement :

Homo sapiens neanderthalensis.

Néandertal était-il un artiste ? Quelque-soit l'intensité des discussions d'experts sur les productions artistiques de ce taxon, il est manifeste que Néandertal avait d'autres aspirations que les besoins premiers. Il possédait un monde symbolique et il nous le montre par des témoignages très concrets. La deuxième partie de ce digest, explore quelques compétences en lien avec l'activité artistique d'une espèce à la maturité cérébrale différente de la nôtre.

Un Néandertal, des Néandertals.

Partout dans la presse, Néandertal est célébré. Sa lignée s'est séparée[20] de Sapiens génétiquement vers -600 000 ans en Afrique, pour prendre une identité génétique différente. Vers -500 000 ans, se produit une autre divergence qui donnera le Néandertal de l'Altaï duquel sortira l'Homme de Dénisova. On rencontre les premiers fossiles de Pré-néandertaliens dans le Sud de l'Espagne vers -430 000 ans. Or, durant les 300 000 ans de son existence terrestre, au Paléolithique moyen,[21] son époque "historique", Néandertal se révèle une espèce complexe sur le plan évolutif, en plus d'être capable d'engendrer une autre espèce.

---

[20] Diverger. Donnée Johannes Krause.
[21] -350 000 à -40 000 ans environ avant le présent.

Il y a eu Néandertal le classique qui présente tous les traits néandertaliens. Inventeur ou co-inventeur de la technique Levallois[22] vers -250 000 ans, il se disperse presque partout dans le monde. Néandertal le récent entre -80 000 ans et -30 000 ans qui descend au Levant, mélange sa culture avec Sapiens moderne et produit de l'art en Espagne. Le tardif, population isolée qui laisse son industrie lithique en Sibérie vers -28 000 ans (?)[23] et à Gibraltar vers -24 000 ans. Cette diversité implique des différences dans l'apparence physique, et des nuances anatomiques comme celle de son os hyoïde similaire à celui de Sapiens moderne, vers -60 000 ans au Levant.

---

[22] Industrie lithique considérée comme représentative de la culture moustérienne, attribuée à Néandertal.
[23] Discussions d'experts en cours.

On parle de variabilité anatomique au sein de son espèce. Pour la Paléontologie humaine[24], *Homo sapiens neanderthalensis,* est une autre espèce d'Homo sapiens. Ce n'est pas un sous-humain mais une autre forme d'humain qui a été capable de vivre en sociétés organisées en petits groupes[25], en explorant des territoires lointains. Depuis la Grotte de Gorham à Gibraltar jusqu'à Byzovaya dans l'Oural. De Lynford en Angleterre jusqu' à la grotte Qesem en Israël. Pour l'instant, on ne trouve pas de traces incontestables de lui aux Amériques, mais il a peut-être vécu en Chine[26]. Sur ce vaste territoire, une population néandertalienne comprise entre 5000 et 70 000 individus[27] a rencontré, coexisté

---

[24] Autre nom pour la Paléoanthropologie.
[25] 15-30 personnes.
[26] Travaux de Maria Martinon Torres.
[27] Travaux du Paléodémographe Jean-Pierre Bocquet-Appel.

ou évité Sapiens et Dénisova. Son statut d'être humain, compte tenu de la mentalité des scientifiques, historiens, théologiens du 19/20ème siècles, avait besoin d'être humanisé. Tant et si bien, qu'il ne reste plus que la capacité à produire de l'art pariétal, pour réhabiliter cet être capable de vivre dans des zones tempérées et de survivre dans des environnements beaucoup plus rigoureux, d'élaborer des stratégies de chasse et d'approvisionnement.

Néandertal installe ses camps de base en plein air. Le site des Forgettes situé en bord de Saône, est un campement néandertalien doublé d'une station de boucherie daté de la fin du Paléolithique moyen. La fouille a livré des restes de grands herbivores[28] réputés difficile à chasser et

---

[28] Rhinocéros, Mammouths.

susceptibles d'avoir été charognés. La présence d'un crâne d'ours des cavernes sorti de son habitat naturel interroge. Néandertal partage souvent les mêmes grottes, le consomme, et a pu l'emporter avec lui, ce qui est l'explication la plus simple de sa présence. La tentation de voir un geste symbolique se heurte à une réalité taphonomique. Les restes osseux disparaissent naturellement. Trouver une pièce unique n'est pas la preuve absolue d'un rituel ou d'un culte, à moins que cette pièce ait reçu un traitement particulier [29].

Haltes de chasse et sites d'abatage, caractérisent également les modes d'habitats et de vie de ces groupes humains à la coopération et à la mobilité intense. Néandertal consomme des végétaux raisonnablement. Á la grotte de Kebara en Israël,

---

[29] Ornementation.

il a cuit des noix de pistachier et des fèves. L'essentiel de sa diète est carné. Il attrape ou charogne des rongeurs et capture de la mésofaune[30]. Il pratique la chasse saisonnière des ongulés en repérant la mise-bas des femelles et en respectant le rythme des naissances. Néandertal affronte également la mégafaune et les grands carnivores[31]

On dit de lui qu'il est un grand chasseur, d'autant que sa cage thoracique est plus large dans sa partie inférieure avec des côtes plus évasées que les nôtres, ce qui implique une capacité respiratoire plus importante, utile quand on court après un gibier que l'on veut entraîner dans un

---

[30] Lapins, Renards, Oiseaux, Reptiles.
[31] Grands Félins, Hyènes des cavernes, Ours des Cavernes, Ours bruns, Loups, Cuons.

aven-piège comme celui des Pradelles en Charente.[32]

Il chasse seul ou en groupe le mammouth à poils laineux épais et drus protégeant une épaisse carapace de peau recouverte d'un film graisseux, où le tranchant de son racloir Quina [33], facile à prendre en main, fait merveille sur une bête morte avant la congélation naturelle en période de glaciation, car la Préhistoire de Néandertal et Sapiens est conditionnée par des changements climatiques signifiants, matérialisés par des stades isotopiques.[34] Il est l'inventeur d'une industrie lithique très variée constituée de pierres

---

[32] Travaux d' Asier Gomez-Olivencia et collègues sur la reconstruction virtuelle en 3D de la cage thoracique du Néandertalien de Kebara 2 en Israël.
[33] Innovation vers -70 000 ans.
[34] Reconstitution du paléoclimat à partir d'un prélèvement dans les fonds marins de sédiment riche en isotopes (atomes) de deux oxygènes 16 et 18.

débitées, façonnées, retouchées (Techno-typologies). Cette industrie pluriculturelle (techno-complexes), n'a rien à envier à celle de Sapiens.

Néandertal s'aventure dans les mondes marins, pêche le thon, capture les phoques et récupère les dauphins échoués à la Grotte de Vanguard [35]. Il ne se contente pas de manger pour vivre en recherchant la moelle osseuse comme complément alimentaire essentiel à sa diète, même en période tempérée. Il recherche également des mets plus raffinés pour son menu comme les coquillages et les crustacés. La consommation de mollusques est déjà attestée sur le site de Maastricht-Belvédère en Hollande vers -220 000 ans. Il aime le crabe brun, et ramène les mâles entiers pour les faire rôtir dans la Grotte de

[35] Gibraltar.

Figueira Brava au Portugal vers -90 000 ans, mais c'est sur les plages du Rozel au bord de la Manche, en France, qu'il laisse l'empreinte de ses pas vers -80 000 ans, ainsi qu'une meule et un broyon à fabriquer un colorant rouge.

En attendant, il se livre à un cannibalisme nutritif ou rituel comme à El Sidron en Espagne, où toute une famille[36] vers - 49 000 ans a manifestement été consommée par des congénères.[37] Sur le site des Rois, en France, un enfant néandertalien a été consommé par des Sapiens modernes[38]. Dans le registre du rituel, à la Grotte Des Cubierta en Espagne, des Néandertaliens récents ont sélectionné sur place, emporté et consommé dans la grotte, des crânes d'ongulés et un crâne de rhinocéros. Un prélèvement de cervelle, opéré

---

[36] 13 individus.
[37] Endocannibalisme.
[38] Exocannibalisme.

avec un hachereau moustérien est attesté uniquement sur le rhinocéros. L'exceptionnalité de ce comportement fait pencher la balance vers la pratique d'un rite. La présence de restes d'un enfant néandertalien mort entre 3 et 5 ans n'est pas sans intérêt sur le plan symbolique.

Les disparitions de Néandertal entre -40 000 et-24000 ans[39] seraient dues à un faisceau de causes multiples qui auraient contribué à l'extinction de cette espèce. La dernière rencontre avec Sapiens moderne n'est pas obligatoirement un choc pour Néandertal. Il porte dans ses gènes primitifs le résultat d'une rencontre avec un Sapiens ancien entre -400 000 ans et -220 000 ans. Vers -54 000 ans, pour la Paléogénétique, un métissage avec un Sapiens moderne est attestée sur le site de

---

[39] Fourchette de dates non-scientifiques.

Kostenki en Russie. Des enfants métis (150 x n) pas toujours fertiles, n'empêchent pas la forte diminution de sa population due à une faible diversité génétique[40]. Á y regarder d'un peu plus près, Néandertal est une espèce qui a raté le virage ontogénétique. Il naît avec un cerveau aussi gros que l'Humain Anatomiquement Moderne[41], qui se développe plus lentement et pour finir pèse plus lourd, ce qui augmente ses besoins énergétiques à l'âge adulte et lui confère une moins bonne adaptabilité à son environnement.

En pratique, le bassin aux os épais de la femelle Néandertal, de forme ovalaire beaucoup plus large que la femelle H.A.M, facilite le retournement pour passer dans le canal de naissance. La reconstruction virtuelle d'un

---

[40] Isolement de certains groupes, problèmes de consanguinité.
[41] Autre nom pour Sapiens moderne.

fragment du bassin d'une femelle Néandertal de la Grotte de Tabun en Israël, a montré une néandertalienne au bassin très proche de H.A.M. Encore un indice de "Sapiensisation" qui explique pourquoi Néandertal a engendré des métis parfois pérennes ?

Des hordes de H.A.M ont-ils débarqué sur les territoires occupés par Néandertal : Non.

Il existe un stress brutal de type invasion barbare à caractère plutôt historique qui ne correspond pas à cet évènement. Les H.A.M fraîchement débarqués au Proche-Orient vers -60 000 ans, et déjà disséminés en France vers -40 000 ans pour la Paléogénétique, étaient supérieurs en nombres[42]. Pour l'archéologie, ils étaient présents plus tôt vers -54000 ans, à la grotte Mandrin, en France. [43] Un stress plus sournois dû à une acculturation, résultat d'une oppression culturelle ou d'une rencontre de qualité[44] auraient très bien pu exister entre Néandertal et H.A.M. Une recherche paléogénétique et historique, a démontré l'impact négatif et pathologique de

---

[42] Groupe de 200 personnes environ.
[43] Fouille Ludovic Slimak et Laure Metz.
[44] Je t'aime bien mais tes parasites me rendent malade.

l'usage du tabac importé par l'envahisseur Russe sur les populations sibériennes autochtones, en moins de deux cents ans. Les Russes étaient objectivement dominateurs. Rien ne prouve que H.A.M a opprimé ou fait la guerre à Néandertal et vice-versa. Les preuves archéologiques de violence manquent. Par contre, les Paléo-écologues et Archéozoologues nous parlent d'exclusion de niche. Dans le Sud-Ouest de la France, autre fief des Néandertaliens, vers - 40 000 ans, un stress climatique dû à l'augmentation des températures[45], est responsable d'une chute drastique des ressources disponibles, visible dans les spectres fauniques[46], et dans le calcul de la biomasse[47]. Comme quoi

---

[45] 5 degrés.
[46] Le menu des néandertaliens.
[47] L'ensemble de la faune présente.

un réchauffement climatique[48], n'est pas forcément un signe d'abondance de gibier comme au Mésolithique[49]. Il se serait produit une compétition à trois entre Néandertal, H.A.M et les grands carnivores pour acquérir les proies, au détriment de Néandertal. Argument contestable dans la mesure où Néandertal n'était pas le plus inadapté à la chasse des trois. Cependant, ses besoins énergétiques compte tenu de sa masse corporelle, étaient probablement plus importants que ceux de H.A.M. Cette compétition serait l'accélérateur certain du timing de ses disparitions progressives. Il a laissé des traces de sa production lithique moustérienne vers -28 500 ans à Byzovaya, à l'extrême Nord de la Russie, presque au bord du cercle polaire, ce qui en

---

[48] Interglaciaire.
[49] -9600 ans, date INRAP.

théorie n'exclut pas sa conquête de l'Amérique du Nord.

Soit dit en passant, le mammouth, si l'on accepte la comparaison actualiste avec les éléphants, ce mégaherbivore piétineur de plantes, traceur de chemin quotidien discipliné, fourrageur exigeant, devait avoir une incidence certaine sur l'écosystème[50]. Non content de tracer son chemin pour délimiter un territoire assez vaste, il déboise pour réaménager l'espace en prairies, arbustes, points d'eau, et devient un compétiteur non négligeable, sachant que Néandertal va suppléer sa diète avec plus de végétaux en période tempérée.

---

[50] Équilibre harmonieux entre le vivant et les ressources que la nature procure.

Sur le plan sémantique, l'expression anglaise "To be supplanted", signifie que le groupe humain ou l'espèce a été remplacé, mais pas en douceur. Il y a eu une extinction de masse chez les mammifères non humains entre -50 000 ans et -10 000 ans sur toute la planète[51], qui se produit au moment où Néandertal commence à décliner. L'expression première épuration ethnique[52] pour parler de la disparition de Neandertal n'est pas un vocabulaire de Préhistorien(ne). On parle de remplacement[53] des populations en Paléogénétique. Même si H.A.M lui a donné un peu de ses gènes, Néandertal a physiquement disparu. Il nous a laissé 2,5% de ses gènes en moyenne, pas tout le monde, et pas la même proportion dans notre

---

[51] L'Homme face au génocide, page 118, dans Extinctions de Charles Frankel.
[52] *Ethnic cleansing.*
[53] Admixture.

matériel génomique. Depuis, il joue le rôle de bienfaiteur ou de malfaiteur[54] de notre organisme encore aujourd'hui. Sa domination conduisant à son élimination par un « Sapiens exterminator » n'est franchement pas évidente. Bien au contraire, les rencontres avec H.A.M ont favorisé la durée de vie d'une espèce dont les mutations génétiques sont différentes[55] de celles produites par notre génome. Ces différences ont forcément une incidence sur les fonctions cérébrales, le comportement de Néandertal, et malheureusement sur sa fin.

---

[54] Système immunitaire, peau, diabète…
[55] Mutations délétères qui diminuent son espérance de vie.

Il apparaît impossible d'affirmer que cet être était arrivé à la limite de ses capacités d'abstraction, sans avoir les réponses des Paléogénéticiens[56] et des Paléoneurologues qui étudient l'endocrâne des espèces.[57]

S'il est incontestable que H.A.M est l'inventeur des *légendes, croyances et religions,* personne ne sait rien de la "pensée néandertalienne". Néanmoins, il existe des sépultures avec des dépôts (faune, pièces lithiques, fleurs) qui nous racontent peut-être une croyance en la vie après la mort. Peut-on parler de recherche esthétique dans les sépultures néandertaliennes ?

---

[56] Problématiques actuelles des équipes de Svante Pääbo, Prix Nobel de Médecine en 2022 pour avoir décoder tout le génome de Néandertal et celui de Dénisova.
[57] Travaux d'Antoine Balzeau sur les empreintes fossiles du cerveau des espèces.

En Préhistoire, il y a continuité des comportements ou rupture. Les H.A.M du Paléolithique récent aiment décorer de parures de faune le corps des défunts, avec une recherche esthétique évidente. Dans les sépultures néandertaliennes, la configuration est différente. Les objets sont placés à distance du mort, et ce, quel que soit le biais taphonomique. Néandertal réfléchit la mort et l'organise parfois. Á la Ferrassie en Dordogne, au sein d'un espace sépulcral imposant, LF8, un enfant néandertalien de deux ans au squelette quasi complet, a été retrouvé associé à des restes de faune investie par les carnivores. Dans ce cas, l'intention d'inhumer n'est pas évidente parce que rien, ni lithique, ni faune, ni végétaux, ne vient marquer l'endroit symboliquement.

La conservation exceptionnelle et le positionnement des cinq squelettes d'enfants et adultes de l'espace a été perturbé par le processus d'enfouissement d'une faune aux os robustes[58].

La randomisation[59] de ces parties anatomiques a eu une incidence certaine sur la position des squelettes humains, ce qui complique l'observation du geste funéraire. L'absence de marqueurs et le biais taphonomique interrogent la définition donnée au mot sépulture.

Est-ce que la sphère symbolique comme le traitement d'un mort, la coopération orale lors de chasses prestigieuses[60] et dangereuses en groupe, les capacités cognitives engagées dans la production d'industrie lithique avec pour résultat,

---

[58] Bison, Ours.
[59] Les os se promènent et les squelettes bougent.
[60] Félins.

un bénéfice neuro-kinésique- le cerveau rend la main intelligente et la main fait évoluer le cerveau- ont-ils favorisé l'acquisition du langage. En un mot, Néandertal parlait-il ?

L'aptitude au langage est la clef de la survie et de la réussite pour une espèce, chez les partisans de la supériorité de Sapiens qui affirment que les H.A.M seraient les porteurs premiers et exclusifs du langage. Néandertal partage les mêmes aptitudes au langage dont le célèbre Foxp2 ou gène impliqué dans la parole, inscrit dans une séquence[61] presque identique que celle de H.A.M. En génétique, le mot "presque" peut être lourd de conséquence.

---

[61] Une phrase codée.

Ce langage propre à Néandertal, eu égard à son anatomie - Aire de Broca plus petite, larynx plus étroit et placé plus haut, de même que l'os hyoïde où viennent s'attacher les muscles qui activent la langue, une cavité nasale et une cage thoracique plus large- se serait développé dans le calme des habitats autour d'un cercle d'auditeurs attentifs. Néandertal était capable d'entendre avec une oreille interne similaire à celle de H.A.M et mieux que le Chimpanzé[62], de mobiliser une combinaison de mots cohérents et convenablement articulés. Il était opérationnel pour parler le néandertalien mais pas pour endosser l'évolution du langage comme H.A.M.

---

[62] Lequel a une très bonne oreille.

De l'Art, oui mais comment et avec quoi ?

Un individu capable de ressentir une palette d'émotions, peut éprouver le besoin de l'exprimer sur des supports divers et variés. Néandertal ressent, souffre de maladies, se soigne et soigne son prochain avec amour, l'enterre parfois avec respect et précaution, et…fabrique de l'art. Pour mieux apprécier cet artiste complet, éloignons-nous momentanément de H.A.M et de sa production artistique aussi polymorphe que spectaculaire. Dès lors qu'il y a créativité et recherche esthétique, il y a "impulsion d'art". Ce qui implique un état cérébral propice à une motricité fine, mobilisant un outillage dédié ou mixte, associé à un contexte favorable et inspirant comme Bruniquel par exemple. Á la Grotte abri de Bruniquel en France, très fréquentée par les

Spelaeus et les Arctos [63], vers -176 500 ans , une structure composée de 420 morceaux de stalagmites, laisse à penser qu'un groupe de Néandertaliens a parcouru 336 mètres pour se livrer à un comportement rituel. Cet espace semi-ouvert est ceinturé par des spéléofacts dont certains, brisés, viennent soutenir le mur de pic de glaces. Ces murs témoignent encore de l'organisation de foyers, où végétaux et faunes ont été consumés. Un aménagement esthétique certain, que dans un autre contexte, en plein air, les éléphants actuels et fossiles, sont capables d'organiser avec les restes osseux de leurs congénères. Lors de la première fouille de la grotte en 1992, un fragment de fémur d'ours brûlé a été trouvé dans la structure et daté de -47 600

---

[63] Deux espèces d'ours préhistoriques et encore actuel pour l'ours brun.

ans. Cette datation fait d'un Néandertal récent le responsable des foyers. Les ours présents à Bruniquel ont laissé de nombreuses bauges et griffures, mais ils ne fabriquent pas ce genre de structure. Naturellement, Néandertal avait besoin de lumière pour réaliser sa construction, et la question de l'étouffement par la fumée dégagée par les torches se pose. Tout comme le bédouin connaît et reconnaît chaque pierre de son désert, Néandertal pratique les grottes couramment. On peut argumenter que Néandertal le compétent, n'a pas eu besoin de beaucoup d'heures de travail pour réaliser sa création, en tout cas moins que la découpe d'un bison où son "expertitude" au geste rapide et précis excelle. La structure étonnante est toujours en place. Tout porte à croire que Néandertal pensait en marchant, et recherchait les grottes autrement que pour les habiter.

Á présent, observons le dans la banalité de son quotidien. Les gestes basiques ne sont pas si éloignés des gestes artistiques. On ne s'empare pas, parfois directement avec les dents, d'un morceau de viande cuite comme on déguste un crustacé. Saisissons une pince de crabe entre le pouce et l'index. Cette dégustation implique une finesse de préhension, une capacité cognitive, une intelligence propre à l'espèce remarquable sans ouvrir sa boite crânienne.

Il y a -200 000 ans sur le site de Campitello Bucine en Italie, Néandertal, désireux d'emmancher ses pièces lithiques,[64] aurait inventé la colle. Grand connaisseur du monde végétal qui l'entoure, il choisit de l'écorce de bouleau, roule délicatement la feuille et la

---

[64] Amélioration cognitive certaine.

maintient au-dessus d'un feu très doux, jusqu'à ce qu'une substance élastique et collante s'écoule. Là, il dépose rapidement un peu de colle sur l'extrémité du manche en bois et joint la pièce lithique en théorie, car aujourd'hui le bois a disparu. L'exploitation du bois est évidente, mais il n'y a pas de preuve concrète. Néandertal est un grand technologue avec ou sans H.A.M. Touiller de la colle dans un récipient végétal ou animal avec un bâton, est un geste similaire à celui qui consiste à préparer un pigment, d'autant que Néandertal est capable d'utiliser de l'ocre rouge, tout comme H.A.M.

Technologue et orfèvre, il réalise des colliers avec des serres de rapaces et des griffes d'ours des cavernes, bien avant l'arrivée de H.A.M, à Krapina en Croatie vers -130 000 ans. Cette pratique n'est pas la coutume locale d'une population néandertalienne spéciale. Les néandertaliens de Dordogne ont également laissé la trace de leur exploitation des serres de rapaces sur une longue durée[65]. Á Gorham et à la Grotte de Riparo Fumane, cet esthète préfère les oiseaux de proies et les corbeaux à plumes noires, dont il détache les plumes des ailes et de la queue pour parer son corps. Á la grotte des Los Aviones et d'Anton en Espagne, Néandertal a utilisé au moins douze espèces de coquillages non comestibles dont certains ont été perforés. Parmi cette réserve de tubes de peinture préhistorique, un spondyle aurait servi de cupule pour préserver une préparation pigmentaire. Cette préparation composée de minéraux rouge, jaune, noir est associée à des stiletto[66]en métatarses de cheval,

---

[65] -100 000 à -40 000 ans.
[66] Outil d'artiste !

capable de percer, touiller, éventuellement lisser. Il existe des lissoirs dédiés au travail des peaux, qui auraient été inventés par Néandertal, peut-être en compagnie de H.A.M en Dordogne, il y a - 50 000 ans. De plus, à Los Aviones, une intense circulation de matières premières pour fabriquer les colorants, liants et épaississants, est manifeste jusqu'à 7 kilomètres du site. De fait, la grotte aurait servi d'atelier de peinture corporelle. Néandertal était donc un être humain avec une conscience et une estime de soi évidente. Était-il capable de sortir de son narcissisme ?

Au niveau de l'entrée préhistorique de la Grotte de la Licorne, en Allemagne,[67] une deuxième phalange d'un *Megaloceros giganteus*[68]gravée de six incisions, a été découverte, associée à d'autres

---

[67] Einhörne Höhle.
[68] Mégacéros ou Renne géant des temps préhistoriques.

restes de faune également incisés. La phalange, datée de -51000 ans, aurait été pensée et conçue par Néandertal avant l'arrivée de H.A.M en Europe centrale. Il se serait livré également à la confection de parures en serres d'aigle. Mégacéros avant sa réduction de taille et sa disparition vers -7700 ans en Sibérie, était un animal rare donc hautement symbolique.[69] C'est une association d'idée séduisante. Néandertal était un chasseur préférentiel organisé ou opportuniste, et pas forcément sélectif. Cette association de faune faite d'ours des cavernes, mégacéros, lions des cavernes, cerf élaphe, ne constituait pas un repas.[70] Cependant, les lions

---

[69] The last Giant Deer | TwilightBeasts.
[70] Pas de stries de boucherie.

qui ont également occupé la grotte-tanière, se sont régalés à mâchouiller les restes osseux.

Quel outil a pu servir à la gravure de l'objet ? Parmi les rares pièces lithiques trouvées dans la zone atelier, des fragments de pointe moustérienne profilée et pointue, pourrait constituer un outil potentiel pour graver ce motif à chevrons. Motif, découvert également à Blombos en Afrique du Sud, mais cette fois ocré et gravé sur une pierre non taillée vers -73 000 ans par un H.A.M, ce qui suggère un état cérébral commun aux deux espèces ?

Ce motif géométrique a été retrouvé gravé en grande dimension sur une paroi de la Grotte de Gorham vers -39 000 ans. Il est associé à un atelier de fabrication de pièces lithiques typiques de Néandertal, signe d'une présence humaine active. Cette découverte a fait couler beaucoup d'encre. En effet, le premier rock art attribué à un Néandertal récent ne pouvait pas laisser indifférent, d'où le surnom d'Hashtag. Cette gravure occupe 300 cm² d'un socle rocheux. Elle est constituée de deux parallèles horizontales profondément gravées, recouvertes de quatre lignes de même épaisseur, dont une réussi à former un croisillon. Les trois autres ont été sectionnées à cause des retouches à la pièce lithique à la fois robuste et pointue, exigées par la dureté du support. 18 stries fines de longueurs inégales évoquent un manque de maîtrise du geste qui vaudrait au graveur d'aujourd'hui le qualificatif de débutant, et à Néandertal celui d'artiste de son espèce.

Un examen chimique de traces consistantes de pigment rouge, sur 5 parois de la Salle des Étoiles à la Grotte d'Ardales en Espagne, démontre qu'il ne s'agit pas d'un colorant prélevé dans la grotte pourtant riche en Ferritine. On peut se demander pourquoi l'artiste peintre n'a pas utilisé le colorant potentiel qu'il avait sous la main. Il ne faut pas oublier que l'artiste n'obéit pas à la facilité. Quand il veut un effet spécial avec une couleur, il n'hésite pas à parcourir des kilomètres pour trouver le bon pigment. Remarquons tout de suite que la palette de Néandertal est monochrome, contrairement à ses préparations pour la peinture corporelle. N'oublions pas que la grotte n'est pas vierge en productions artistiques. Pas moins de 1009 peintures et gravures exécutées par un groupe de H.A.M. Les artistes ont laissé leur matériel dans tous les secteurs de la grotte, sauf la zone 5, celle où Néandertal aurait peint et retouché deux fois sa production. La datation de la paroi par l'uranium-thorium[71] propose une fourchette qui se situe au Paléolithique moyen. Néandertal est présent en Espagne depuis -500 000 ans[72]. Cette région du monde est un berceau de la "Néandertalité". On peut imaginer sereinement un néandertalien avant l'arrivée de H.A.M en Espagne vers -35 000 ans, parfaitement capable d'essayer un pigment sur un stalagmite et d'en vérifier l'effet sur une paroi.

Á présent, nous savons que Néandertal aime l'art abstrait et qu'il en produit, mais est-il capable de peindre la réalité ?

---

[71] Méthode de datation qui permet de remonter plus loin dans le temps que la datation au carbone 14.
[72] 28 Pré-Néandertaliens à la Sima de los Huesos.

Á la grotte de La Pasiega dans le Nord de l'Espagne, Néandertal, vers -64 800 ans, aurait peint en rouge un rectangle traversé par une horizontale. Ce rectangle est accompagné de formes humaines involontaires surmontées d'une forme chevaline étêtée, avec une ébauche de patte avant droite, recouverte de trois lignes de points noircis et d'une queue formée par trois lignes de points, également bien alignés, tout comme la série d'incisions sur le fragment de fémur d'hyène du Site des Pradelles. H.A.M est assez friand de ce genre d'énigme picturale, décrite parfois comme une forme de langage des signes, à moins que cela ne soit qu'une manière de s'exprimer pour l'artiste qui aurait tout à fait pu s'appeler Néandertal.

Á travers ces quelques manifestations, il est évident que ce territoire est une zone d'art où Néandertal s'est exprimé. Cette zone est-elle unique, ou des manifestations de même nature sont-elles observables ailleurs ?

Á Lynford, à l'Est de l'Angleterre, Néandertal a établi son campement au bord d'un paléolac, où des mammouths malades ou blessés sont morts. Le mammouth a été exploité pour le consommer, confectionner des vêtements, comme combustible et pare-vent sur ce site très exposé au vent glacial, comprenant de nombreux restes de carnivores et d'ongulés. Néandertal n'a pas éprouvé le besoin de fabriquer de l'outillage osseux qu'il aurait tout à fait pu graver. Rien ne l'empêchait également de travailler l'ivoire de mammouth. Á Lynford, son choix esthétique consiste à transporter avec lui 40 magnifiques pièces lithiques choisies pour leur couleur,[73] taillées hors du site, sans fonction précise. Dans la vie quotidienne Néandertal n'est pas monotâche. Dans la fabrique de l'art, la question se pose.

En Italie, à la Grotte des Moscerini, des néandertaliens ont fabriqué des racloirs à partir de gros coquillages retouchés[74] pour produire des incisions fines sur d'autres coquillages. Des pierres ponces abrasives[75] et des pigments à foison sont également présents. Descendons plus bas au Levant. L'endroit où H.A.M et Néandertal se sont rencontrés au point de partager une culture commune[76]. Comment Néandertal, capable de

---

[73] Noires et noires bleues.
[74] Callista Chione.
[75] Outil de polissage.
[76] Moustérien Levantin.

parcourir des milliers de kilomètres, aurait-t-'il fait pour éviter H.A.M sur un si petit territoire. Des sépultures distinctes sèment le doute. Partageait-il le même goût que H.A.M[77] pour se parer de colliers de dents de faune percées, comme à la Grotte d'Okladnikova à 100 km de la Grotte de l'Homme de Dénisova dans l'Altaï, où l'échange du savoir-faire est un peu plus concret.

Dans ce territoire à la fois témoin des sorties des humanités du continent Africain, et d'occupations d'espèces humaines depuis le Paléolithique inférieur, à la grotte Qesem, un groupe humain, peut-être des enfants, vers -200 000 ans, a sélectionné et récolté des petits cailloux colorés qui n'avaient aucune fonction vitale, si ce n'est une quête du beau évidente. Cette découverte

---

[77] Aurignaciens Levantins.

illustre bien la capacité d'autres espèces que H.A.M à ne pas se contenter de leur instinct. Un os d'aurochs incisé à Nesher Ramla aurait été gravé par un artiste qui ressemblait à Néandertal et utilisait les mêmes outils que H.A.M. Il serait anatomiquement proche des humains de la grotte Qesem. Pour Néandertal, la recherche esthétique commence par un souci et un soin porté à la propreté de l'habitat, la séparation des déchets, et le nettoyage et réaménagement des foyers manifeste à la grotte de Kebara. De la symbolique forte avec un prélèvement de crâne post mortem à la sépulture néandertalienne de Kebara 2. Une plaquette de calcaire gréseux gravée de cercles concentriques à Quneitra sur le plateau du Golan a été attribuée à Néandertal. Un terrain propice à l'art pariétal dans les grottes, mais pas de témoignages concrets pour Néandertal ni pour H.A.M.

Du reste, le phénomène artistique du Paléolithique récent, exclusivement du à H.A.M, est une particularité franco-espagnole, matérialisée par une cordillère de manifestations artistiques exceptionnelles depuis Altamira, Lascaux, Chauvet, pour finir à la Grotte Cosquer à Marseille. Les productions artistiques du bloc de l'Est par exemple, tellement plus schématiques, feraient presque douter de l'espèce de l'artiste. Néandertal le récent, quant à lui, fabrique de l'art de son espèce et a laissé suffisamment de preuves pour ne pas en douter. Est-ce suffisant pour affirmer qu'il est le premier artiste de l'Humanité ? Il serait regrettable d'enlever ce privilège à Homo erectus.

Si l'on refuse à Néandertal sa part réelle de créativité, le risque est de nourrir les convictions des partisans d'un être inférieur, une espèce insignifiante parce que non artiste, ce qui en soit est aussi très discutable. De même qu'il ne viendrait à l'idée d'aucun entraîneur de faire combattre sur un ring de boxe, un poids plume avec un poids lourd, l'idée de comparer les espèces humaines aujourd'hui disparues en les plaçant sur une échelle d'infériorité ou de supériorité, n'est qu'une forme de racisme ordinaire.

En 1864, aux Eyzies-de-Tayac, petit village niché au cœur d'une Dordogne riche en gisements humains fossiles, témoignages artistiques et artefacts[78], a eu lieu une rencontre Historique et Préhistorique entre l'Angleterre et la France. Á la suite de cette rencontre avec Edouard Lartet[79] et Henry Christy, la Préhistoire anglaise naît sous l'impulsion du banquier, politicien, naturaliste, et archéologue John Lubbock. Il est l'auteur en 1865 de Pre-Historic Times, ouvrage fondateur qui humanise les fossiles humains, dont l'Homme de Forbes Quarry, premier crâne de Néandertalien découvert à Gibraltar en 1848. Il établit une

---

[78] Pièces lithiques et osseuses.
[79] Un des pères fondateurs de la Préhistoire Française avec Jacques Boucher de Perthes, Gabriel de Mortillet, et Émile Cartailhac.

chronologie, et propose une séparation des âges préhistoriques avec les mots Paléolithique et Néolithique, inspirée par sa rencontre avec la Préhistoire française et l'établissement d'une séquence lithique clef, par Edouard Lartet[80]. Lubbock choisit la faune disparue et des analogies ethnologiques pour établir son classement en quatre époques. Ce classement aboutira à la naissance d'une Préhistoire divisée en trois âges de pierre et de glace. [81]

Le terme commun aux deux nations restera le mot Préhistoire. Á partir de ce socle viennent se greffer des écoles, courants de pensées, et transmissions de savoirs avec des découvertes aussi extraordinaires que fortuites, en compagnie d'amateurs éclairés et d'autodidactes chanceux.

---

[80] Stratigraphie du Paléolithique.
[81] Early, Middle, Late Stone Age.

Cette discipline, qui dès l'utilisation du carbone 14 en 1950 devient pluridisciplinaire, de plus en plus scientifique et high-technologique, écrit également sa propre histoire. S'ils veulent redéfinir les cadres chronologiques de l'Histoire Humaine, les historiens devront accepter que les préhistoriens s'assoient à leur table...

Sources Bibliographiques.

Bapteste Éric (2017) Un peu de nombrilisme in Tous Entrelacés !

Coqueugniot Hélène (2019) Handicap et compassion au Paléolithique : point de vue paléoanthropologique in *Archéologie de la Santé, anthropologie du soin* (dir. Alain Froment et Hervé Guy).

Finlayson Clive (2019) Birds of a Feather in *The Smart Neanderthal. Bird catching, cave art and the cognitive revolution.*

Harari Yuval Noah (2012) La Révolution cognitive et le retour de Néandertal dans *Sapiens. Une brève histoire de l'Humanité. (A Brief History of Humankind).*

Higham Tom (2021) Neandertals emerge into the light in *The World Before Us.*

Hublin Jean-Jacques (2017) *Biologie de la Culture. Paléoanthropologie du genre Homo.* Collège de France.

Jaubert Jacques et Maureille Bruno *(*2012*) Néandertal.*

Krause Johannes et Trappe Thomas (2022) Tomber sur un os et l'immigrant obstiné *in Le voyage de nos gènes.*

Comment les migrations ont fait de nous ce que nous sommes.

Morris Desmond (1968*)* *Le Singe Nu.*

Néandertal à la loupe (2016.) coll. Auteurs. Musée national de Préhistoire.

Néandertal en bord de Somme in *Quincieux avant l'autoroute, 50 000 ans d'histoire au bord de la Saône.* Publication Inrap 2014/15.

Quintana-Murci Lluis (2021) *Une histoire génétique : notre diversité, notre évolution, notre adaptation.* Collège de France.

Orlando Ludovic (2021) La part de Néandertal en nous in *L'Adn fossile, une machine à remonter le temps.*

Shunkov Mikael V. (2017) Les Dénisoviens et leurs voisins néandertaliens in *Le troisième Homme, Préhistoire de l'Altaï.* Musée national de Préhistoire.

Slimak Ludovic (2022) *Néandertal Nu.*

Stringer Chris (2006) Neanderthal and us in *Homo Britannicus. The Incredible Story of Human Life in Britain.*

Wragg Sykes Rebecca. (2020) Material World in *Kindred Neanderthal Life Love Death Art.*

Articles spécialistes.

Néandertal, généralités, vie et mort :

Neanderthal brain size at birth provides insights into the evolution of human life history | PNAS

Neandertal birth canal shape and the evolution of human childbirth | PNAS

Frontiers | The exploitation of crabs by Last Interglacial Iberian Neanderthals: The evidence from Gruta da Figueira Brava (Portugal) (frontiersin.org)

Le site du Rozel : site archéologique d'intérêt national (culture.gouv.fr)

A symbolic Neanderthal accumulation of large herbivore crania | Nature Human Behaviour

Mammoth landscapes: good country for hunter-gatherers - ScienceDirect

Pluridisciplinary evidence for burial for the La Ferrassie 8 Neandertal child | Scientific Reports (nature.com)

Les Sépultures néanderthaliennes du Proche-Orient : état de la question - Persée (persee.fr)

Did Neandertals have language? | Max-Planck-Gesellschaft (mpg.de)

Crubézy Éric, At the Origins of Tobacco-Smoking and Tea Consumption in a Virgin Population (Yakutia, 1650–1900 A.D.): Comparison of Pharmacological, Histological, Economic and Cultural Data.

Néandertal artiste :

Bulletin-SAVSA_2018-Bruniquel.pdf

A 51,000-year-old engraved bone reveals Neanderthals' capacity for symbolic behaviour | Nature Ecology & Evolution

Evidence for Neandertal Jewelry: Modified White-Tailed Eagle Claws at Krapina | PLOS ONE

The symbolic role of the underground world among Middle Paleolithic Neanderthals | PNAS

Symbolic use of marine shells and mineral pigments by Iberian Neandertals | PNAS

(PDF) La Cueva de Ardales: Arte prehistórico y ocupación en el Paleolítico Superior. Estudios 1985-2005 (researchgate.net)

Neandertals on the beach: Use of marine resources at Grotta dei Moscerini (Latium, Italy) | PLOS ONE

Housekeeping, Neandertal-Style | SpringerLink

View of Palaeolithic aesthetics: Collecting colorful flint pebbles at Middle Pleistocene Qesem Cave, Israel (ed.ac.uk)

Histoire de la Préhistoire.

John Lubbock, caves, and the development of Middle and Upper Palaeolithic archaeology | Notes and Records: the Royal Society Journal of the History of Science (royalsocietypublishing.org)

Thèse et Blog :

Grotte_de_Bruniquel_1_Texte_L._LAFON-libre.pdf (d1wqtxts1xzle7.cloudfront.net)

Roberto Sáez – Nutcracker Man :

El primer olduvayense y los primeros parántropos en el mismo sitio – Nutcracker Man auteur de *Evolucion Humana, Prehistoria y Origen de la Compassion. (2019).*

Conférences :

L'histoire de l'humanité vue sous l'angle de la paléogénomique (1) - L. Quintana-Murci (2022-2023) Collège de France.

Néandertaliens et animaux face aux changements climatiques, par Emmanuel Discamps au Pôle Préhistoire des Eyzies de Tayac. (2023)